MANBU ZAI YUEQIU
GEI HAIZI DE
DENGYUE JIANSHI

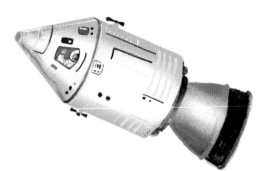

漫步在月球
给孩子的登月简史

[意]拉腊·阿尔巴尼斯 ◎ 著　　[意]雅各布·吉索尼 ◎ 绘

陈波 ◎ 译

海峡出版发行集团
THE STRAITS PUBLISHING & DISTRIBUTING GROUP | 福建科学技术出版社
FUJIAN SCIENCE & TECHNOLOGY PUBLISHING HOUSE

目 录

2

从地球到月球

你知道人类在月球上迈出的第一步吗？你知道那个举世闻名的脚印是怎么来的吗？你知道当阿姆斯特朗将脚踩在月面上那一刻的心情吗？你知道当时屏住呼吸，通过全球直播见证那个伟大时刻的人们都是怎样一种表情吗？

你知道当阿姆斯特朗和他的同伴奥尔德林行走在月球表面时，还有一位航天员正绕着我们这颗天然卫星——月球飞行吗？他不能和自己的伙伴们一样踏上月球，只能透过飞船的舷窗遥望着月球。这位航天员叫科林斯，他也是阿波罗11号任务的一员，要是没有他，阿姆斯特朗和奥尔德林根本不可能实现在月球上行走的壮举！

这和你在学校做兴趣小组任务时的情况有点相似：总有那么一个人表现得更多，他通常会代表整个小组汇报任务的完成情况。于是，我们常会产生这样一种错觉——这位"代言人"独自完成了所有的工作。然而事实并非如此，在那两个行走于月球表面的人背后，还有千千万万的人都付出了巨大的努力。要是没有那些人，奇妙的登月计划便无法实现。

让我们从头开始看看这个故事……

5

阿波罗11号任务中的主角们

1969年7月16日，也就是在50多年前，阿波罗11号任务拉开了序幕：土星5号运载火箭搭载着阿波罗11号宇宙飞船，在美国佛罗里达州的肯尼迪航天中心飞离地球表面。

飞船上的人

迈克尔·科林斯

指令舱驾驶员

尼尔·阿姆斯特朗

指令长

巴兹·奥尔德林

登月舱驾驶员

阿波罗11号宇宙飞船

故事的主角当然还有阿波罗11号宇宙飞船，正是它的存在，才能让航天员们踏上了登月的旅途。飞船由以下3个主要部分组成：

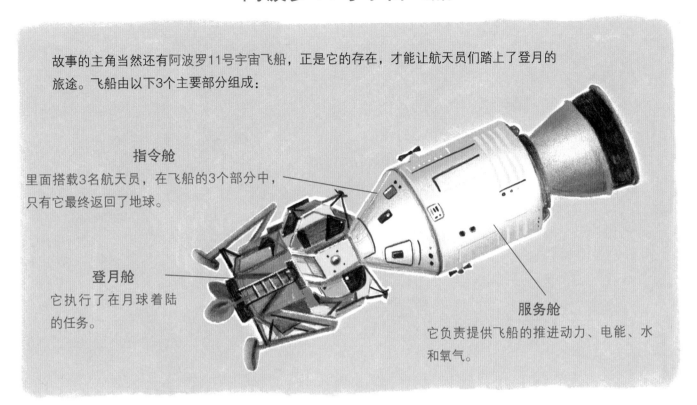

指令舱
里面搭载3名航天员，在飞船的3个部分中，只有它最终返回了地球。

登月舱
它执行了在月球着陆的任务。

服务舱
它负责提供飞船的推进动力、电能、水和氧气。

阿波罗11号的任务徽章是由科林斯设计的。他最初的设想是这样的：让白头海雕叼着和平的象征——橄榄枝；背景则选用了月球表面的景象，然后在它的后面加上一个地球的图案。可这样一来，白头海雕那光秃秃的爪子显得过于凶狠，于是他将橄榄枝移到了海雕的爪子上……

在阿波罗10号任务中，指令舱的代号是查理·布朗（Charlie Brown），而登月舱的代号则是史努比（Snoopy）。这一次，他们希望各个舱能有个稍微严肃的代号，于是指令舱便被命名为哥伦比亚（Columbia），登月舱则叫做鹰。"哥伦比亚"这个名字来源于儒勒·凡尔纳的小说《从地球到月球》，在这部小说里，那门向月球发射炮弹的大炮正是"哥伦比亚"；而"鹰"则象征着他们的国家——美国。

在阿波罗11号之前的任务中，人类为什么没能登上月球呢？那些任务都是何时进行的，一共有多少次类似的任务呢？

阿波罗计划

早在20世纪40年代末，苏联和美国就在政治、经济和科技间展开了竞争。这场竞争持续了很长一段时间，这段历史后来被人们称为"冷战"。在科技方面，两个超级大国竞相制造出越来越强大的火箭，其最初的目的是用来提升各自的军事力量。

当然，火箭并非只能用于军事上，它们还可以把宇宙飞船送入太空。于是这两个国家又开始在争夺太空资源的计划中投入大量的人力和财力。

在这场竞争中，美国开启了阿波罗计划。这个计划的目标是实现绕月飞行，并让人类登上地球的这颗天然卫星。在此之前，这样的冒险只在科幻小说里出现过。

阿波罗计划的多次任务！

1961—1972年，阿波罗计划一共包括17次任务以及一些实验性的发射。这期间并不是一帆风顺的，一些航天员甚至因此失去了宝贵的生命，但他们最终实现了在月球上行走的梦想。

你知道这个登月计划为何被命名为"阿波罗计划"吗？阿波罗是西方神话故事中太阳神的名字，那他们为什么会用太阳神的名字来命名一个登月计划呢？这看上去似乎有些不妥，但事实并不是这样的。神话中，阿波罗通常以坐在天马拉着的太阳马车上，疾驰于高空之中的形象示人。所以，这个名字对于如此重要的一项计划来说，再适合不过了。

1967—1968年

> **阿波罗计划的初期任务**

1967年，3名航天员在阿波罗1号任务的地面演练中罹难：他们所在的船舱突然燃起大火，3名航天员未能逃脱。阿波罗2号、3号任务也随之取消。在这场悲剧之后，为了让之后的登月计划更加安全，避免再次出现航天员牺牲的事件，美国很快组织了3次无人探月任务，即阿波罗4号、5号及6号任务。

1968年10月

> **阿波罗7号任务**

1968年10月，阿波罗7号宇宙飞船终于飞向了太空。虽然没有安排登月或是绕月飞行，但它是阿波罗计划中的第一次载人飞行任务：3名航天员在地球轨道上飞行了11天。

在这次任务中，发生了一个不太愉快的小插曲：航天员们得了感冒，这在太空中可是个大问题。因为在太空失重的环境下，航天员的鼻子可干不了流鼻涕的活儿，于是那些黏糊糊的东西只能留在他们体内。这种感觉有点像我们在地球上得了感冒，却擤不了鼻涕。到了返回地面的时候，航天员们为了能够擤鼻涕，便请求不戴头盔。在一段激烈的争论之后，航天员们最终获胜。当时主要考虑到体内鼻涕的巨大压力可能会导致航天员们耳膜破裂，但返回地面时若不戴头盔可能会带来更大的危险。在这次事件中，3名航天员极为固执，所以之后阿波罗任务的名单中再也没有出现过他们的名字。

1968年12月

> **阿波罗8号任务**

在两个月之后的阿波罗8号任务中，航天员们在他们的宇宙飞船上度过了那一年的圣诞节。他们在太空中吃了火鸡，还配上了各式各样的酱汁。这是人类历史上第一次载人绕月飞行任务，它之所以被人们铭记于心，是因为在这次任务中，人类第一次在绕月轨道上给地球拍了一张漂亮的照片。

1969年

阿波罗9号及
10号任务

阿波罗9号任务执行的还是绕月球飞行的任务。任务期间，一名航天员还进行了短暂的太空行走，目的是测试阿姆斯特朗和奥尔德林下次登月时要穿的新航天服。阿波罗10号任务可以算是一次登月演习。在这次任务中，登月舱几乎都要碰到月球的表面了！

登上月球

阿波罗11号任务之后还有6次载人飞行任务。其间，一些特制的车辆被带到了月球上，航天员们乘坐着它们在月球表面四处"兜风"。你知道吗？有些事情在月球上做起来可是轻松得多，比如要修理车胎的话，连千斤顶都用不上。因为月球上的重力大约只有地球上的六分之一，所以在月球上轻轻松松就能把车抬起来。

阿波罗11号任务　　阿波罗12号任务　　阿波罗14号任务

阿波罗15号任务　　阿波罗16号任务　　阿波罗17号任务

也许你已经发现了，上面的图片里缺少了阿波罗13号任务，不过这可不是因为西方人觉得13是个不吉利的数字。阿波罗13号任务其实是存在的，只不过那次任务出了一些状况：飞船在飞往月球的途中，船舱内的一个氧气罐爆炸了，于是航天员们不得不被迫返航。

11

进入太空的动物

在实施阿波罗登月计划之前，为了知道人类是否能够在太空中生存，科学家先将一批动物送进了太空。那是一艘太空版的诺亚方舟，上面的乘客有狗、猫、苍蝇、兔子、猕猴、黑猩猩……

果蝇

第一批被送上太空的是果蝇。早在1947年，这种小昆虫就搭乘V-2火箭从新墨西科州的航天基地前往太空。这枚火箭产自德国，是美国人在二战期间从德国人手上缴获后带回去的。不过这群小家伙在上升至距离地面仅109千米的高度后，又坐着降落伞回来了。

艾伯特

这只叫做艾伯特的猿猴于1949年乘坐V-2火箭飞向太空。它是第一只被送进太空的脊椎动物。不幸的是，太空舱在返回地球时降落伞失灵，可怜的艾伯特随着太空舱一起狠狠地撞向地面，并因此丢了性命。

贝克小姐和艾博

1959年，贝克小姐成为第一只成功完成宇宙飞行的猴子。这是一只来自南非的小松鼠猴，它与一只叫做艾博的猕猴一同被送上了太空。虽然艾博顺利地完成了太空任务，并返回了地面，但它在几天后的传感器摘除手术中没能走下手术台。

"伙伴"动物

自从人类开始进行太空飞行以来，许许多多的动物都陪着我们一起飞往太空，供我们进行研究。这些动物包括乌龟、蝾螈、蝎子、鱼和蜘蛛……

库特莉亚芙

这只悲壮的流浪狗叫做库特莉亚芙卡。1957年9月3日，它开始了自己的太空旅程。虽然飞船携带了水和食物，但根本没有设置返回系统。苏联的科学家说库特莉亚芙卡在太空中存活了4天，但更多人认为，它在飞船升空的过程中就已经因巨大的温度变化而失去了生命。

费利塞特

1963年，法国人把一只猫送进了太空。这只黑白相间的短毛小猫咪叫做费利塞特，在完成太空飞行任务后，它在降落伞的帮助下安全地返回了地面。16天后，另一只猫（我们不知道它的名字）也被送上太空，它曾与费利塞特一同进行了航天模拟训练，但那只猫在飞行过程中不幸丧命。

动物诺亚方舟

1960年，苏联发射了一个航天飞行器。那是一艘名副其实的动物诺亚方舟，上面搭载了贝尔卡和斯特莱尔卡两只小狗，以及一只小灰兔、两只大老鼠、40只小老鼠和好几罐苍蝇。在进入轨道并绕着我们居住的星球飞行了18圈后，它们中仅有两只小狗安全地返回了地面。

汉姆

1961年1月31日，汉姆，这只年仅4岁的黑猩猩开始了自己的太空旅行。在安全返回地球之后，它被安置在了华盛顿的国家动物园，并一直活到了21岁。当时，汉姆乘坐的那枚火箭出现了很多问题，幸好它身上最新研制的航天服保护了它。在飞行过程中，汉姆还进行了一些活动，那些活动是它在地面训练时学会的。

13

进入太空的
人类

动物的航天飞行已经有了不少的成功案例，现在，人类终于可以飞向太空，俯视我们生存的地球了。

也许你已经乘坐过飞机，不过那可算不上什么航天飞行。想要被称为航天飞行，就得飞到更高、更远的地方。那么，究竟怎样才算得上是航天飞行呢？关于这一点，世界各国一直没有达成统一的看法。美国国家航空航天局（NASA）认为，只要飞行器与地面的距离超过80千米就可称之为航天飞行；但国际航空联合会认为80千米还不够，至少要与地面距离100千米才能称得上是航天飞行。

人类首个月球探测器

1959年1月2日，随着苏联月球1号探测器的升空，人类制造的航天器首次飞行在地球的天然卫星——月球之上。遗憾的是，月球1号探测器并未在月球上成功着陆。1959年9月14日，苏联发射的月球2号探测器成功在月球表面着陆。一个月之后，月球3号首次拍到了月球背面的影像照片。如今，这些壮举在你看来或许已是一件再平常不过的事情，不过在当时那个年代，可谓轰动世界。

水星计划

1961—1963年，美国在水星计划期间一共将6名航天员送入太空。1962年，美国航天员约翰·格伦（John Glenn）乘坐友谊7号飞船完成了人类首次绕地球轨道飞行。这样的尝试整整进行了10次，但直到第11次的时候，格伦才实现了自己的梦想。至此之后，他也从未放弃过挑战太空旅行：距他第一次绕地球飞行之后的36年，已经77岁的格伦再次登上发现号航天飞机，他与另外6名航天员进行了为期10天的轨道飞行。据格伦所说，他重返太空是希望研究老年人应该如何在太空中生活。

人类的第一次太空飞行

1961年4月12日，苏联人尤里·加加林（Yuri Gagarin）乘坐东方1号航天飞船，飞到了距离地面300千米的高空，成为首个进入太空的人类。在此后不到一个月的时间里，美国人阿兰·谢泼德（Alan Shepard Jr）借助水星–红石3号火箭，成为进入太空的第二人。

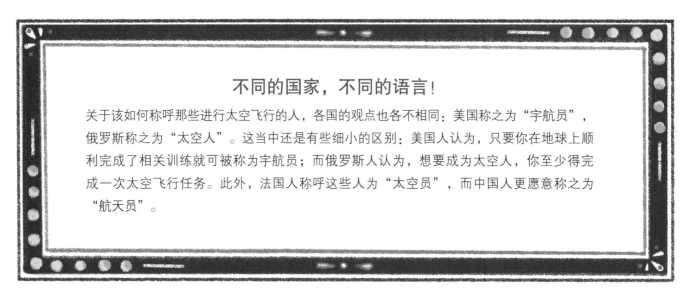

不同的国家，不同的语言！

关于该如何称呼那些进行太空飞行的人，各国的观点也各不相同：美国称之为"宇航员"，俄罗斯称之为"太空人"。这当中还是有些细小的区别：美国人认为，只要你在地球上顺利完成了相关训练就可被称为宇航员；而俄罗斯人认为，想要成为太空人，你至少得完成一次太空飞行任务。此外，法国人称呼这些人为"太空员"，而中国人更愿意称之为"航天员"。

在谢泼德执行飞行任务的几周后，美国总统约翰·F.肯尼迪（John F. Kennedy）向世界宣布了美国要在10年之内将人类送上月球的计划。NASA的阿波罗计划和双子座计划由此诞生。要知道在那个时候，类似的计划只出现在科幻小说中。

进入太空的航天员大部分来自美国，数量位居第二的是苏联及俄罗斯，其余航天员来自其他40个国家，其中包括一名越南人和一名古巴人。值得一提的是，中国的航天事业发展迅速，近年来已取得傲人的成绩，也陆续派出了多名航天员进入太空。

1961年之后，约有600个人进入过太空。

尽管采取了全方位的安全保护措施，但并非所有的太空飞行都一帆风顺：这当中发生了4起重大事故，一共造成了18名航天员的牺牲，其中美国发生了两起事故，苏联发生了两起事故。

进入太空的女性

在过去，很多与科学技术相关的领域中，女性是被禁止参与或被忽视、忽略的。这就是为什么在人类航天的历史中，男航天员的数量比女航天员的数量要多得多的原因。

瓦莲京娜·捷列什科娃（Valentina Tereshkova）

1963年，苏联人瓦莲京娜·捷列什科娃乘坐东方6号宇宙飞船进入太空，成为历史上第一位实现太空飞行的女航天员。她练习跳伞，热衷于飞行，在应召接受航天员训练时，只有24岁。准备将她送入太空的那项计划十分机密，为此捷列什科娃对她的妈妈说了好多谎话，比如当她去参加航天飞行任务训练时，她却对妈妈说她要去进行高空跳伞。

捷列什科娃在太空中停留了71个小时，绕着地球飞行了整整49圈。在太空中，她始终穿着航天服，戴着头盔，用皮带把自己固定在飞船的座椅上，强忍着关节疼痛、恶心和呕吐等不适。凭借着出色的技术水平和钢铁般的意志，捷列什科娃克服了重重的困难。最后，她从船舱里被弹射出来，在降落伞的帮助下成功返回地面。在那次飞行任务之后，捷列什科娃开始投身于科学技术的学习，最终成为一名工程师。

ПЕРВЫЙ СПУТНИК

斯韦特兰娜·萨维茨卡娅（Svetlana Savitskaya）

1982年，也就是在捷列什科娃执行飞行任务的19年后，另一位苏联女航天员斯韦特兰娜·萨维茨卡娅在飞船外停留了3个小时，为女性实现了第一次太空行走。

什么是太空行走呢？
进行太空行走对航天服的加压功能以及航天员在真空环境下的反应极具考验。

萨莉·赖德（Sally Ride）

1983年，萨莉·赖德通过严苛的筛选，成为美国历史上第一位进入太空的女航天员。毕业于物理专业的赖德在飞船上进行了多项科学实验，她还成为第一位在太空中使用飞船机械臂回收受损卫星的女航天员。

不幸的老师

1986年的挑战者号航天飞机爆炸事件，是太空探索史上最惨痛的灾难之一。在这次事故中，7名美国航天员失去了生命。遇难者中包括两名女航天员：朱蒂丝·雷斯尼克（Judith Resnik），以及按原计划要在太空中为人们上一节课的科里斯塔·麦考利夫（Cirista McAuliffe）。在这场惨剧发生20年后，另一名女航天员芭芭拉·摩根（Barbara Morgan）进入太空，并给地球上的学生上了一堂太空课。而她上课的内容，正是20年前科里斯塔·麦考利夫所准备的。

在太空中生活

从1994年10月到1995年3月，俄罗斯的叶莲娜·孔达科娃（Yelena Kondakova）成为第一位在太空长时间生活的女航天员。在她之后，一直到2014年俄罗斯没有其他女航天员进入过太空。也许俄罗斯人在创造了这么多"第一位女性"的纪录之后已经十分满足，于是在结束这一系列的"实验"之后，他们更愿意派男航天员执行航天任务。

第一位进入太空的航天员

1961年4月12日，东方1号宇宙飞船从哈萨克斯坦的拜科努尔（Bajkonur）航天基地发射。随着飞船起飞，离地球越来越远的还有航天员加加林。就在莫斯科时间的上午9点07分，加加林说出了那句举世闻名的话——"我们出发！"，由此开启了人类的第一次太空之旅。

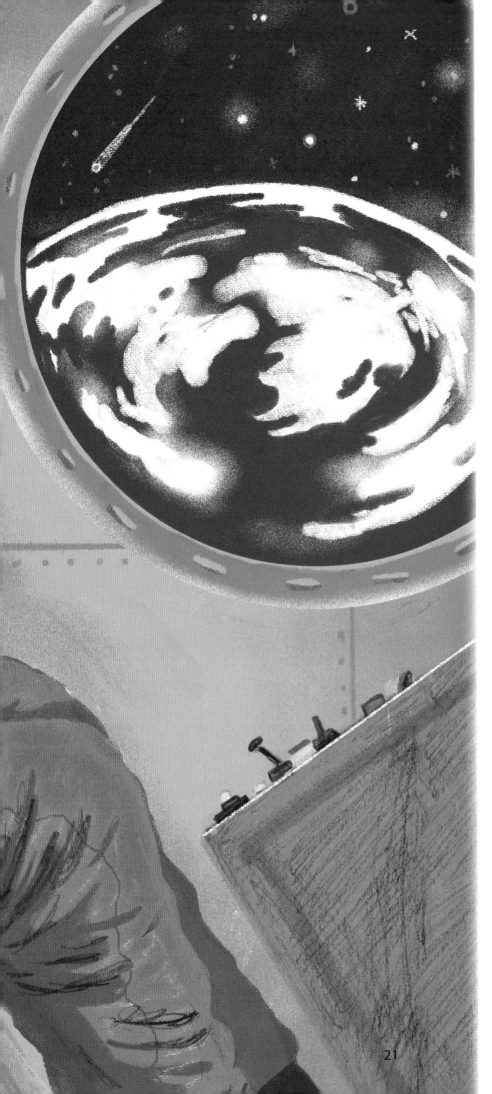

加加林在太空逗留了108分钟，并在绕着地球飞行了整整一周后才返回地面。在这108分钟里，加加林用了9分钟的时间抵达飞行轨道，剩下的时间都用于轨道飞行。

此次任务是为了弄清楚人类是否能够在太空中生活。加加林只需要在太空中说几句话，吃上一些太空食品就能完成任务。如果上面说到的这些都能够实现，那就表明人类可以计划更长时间的太空之旅。

加加林后来提及，当他和朋友们说起那次著名的太空飞行时，他常常会感到羞愧，因为那次飞行仅仅持续了108分钟。但我们都知道，那是一次多么非比寻常的事情。

那么加加林到底是谁呢？他对太空的那份热爱又是怎么来的呢？

儿童时期

加加林出生在一个普通的农民家庭中。他的父母在一个集体农庄劳作，除了加加林，家里还有3个孩子。在第二次世界大战期间，加加林所在的村子被德军占领了。有一天，一架苏联的歼击机在村庄附近坠毁，加加林和其他孩子一起把飞行员藏了起来，使其躲过了德军的搜捕。后来，他们还帮助飞行员逃了出去。在那件事之后，加加林下定决心要成为一名飞行员，甚至梦想有朝一日能飞向太空。在之后的日子里，他追随着自己内心的召唤，并最终实现了梦想。

起飞准备

1961年4月12日的早晨，加加林醒来以后像往常一样做了一些运动。洗漱一番后，他和预备航天员格尔曼·季托夫一起吃了早饭。加加林吃了肉饼、蓝莓果酱，还喝了一杯咖啡。两人都穿着蓝色的紧身衣和橙色的防护服，他们那白色的头盔上写着"CCCP"，那正是苏维埃社会主义共和国联盟的西里尔字母缩写。

好运来

你们要知道，航天员也是人呀！所以加加林在前往那枚将要把他送入太空的火箭时，突然想要上卫生间。于是他让车停了下来，然后在车的后轮胎上小便。从那时起，苏联的很多航天员在出征前都会这么做，他们认为这样能给自己带来好运。

飞翔的东方1号

东方1号宇宙飞船有4.7吨重，4.4米高，并由两部分组成：球形的密封舱搭载着航天员，服务舱则装载着各种仪器设备及帮助球形舱减速并在地面着陆的制动火箭，还有16罐氧气和氮气。

飞船上携带了足够航天员生活10天的必需品：如果在飞行过程中出现什么意外，也能确保飞船在10天之后"自动"落回地面。

东方1号的飞行全程由一套自动操作系统控制，虽然加加林也可以解锁系统，手动控制飞船，但是这套应急方案直至最后也没被用上。

惊心动魄的回程

在返回地球的时候，发生了不少意料之外的情况。10点25分，返回途中，加加林所在的舱室没有按照原定计划与服务舱分离，并且开始不停翻转。幸运的是，与大气摩擦产生的高温烧断了两个舱室之间的连接带。在距离地面7000米的时候，加加林和他的座椅一同被弹射出了舱外。

随后，常规的降落伞和应急备用降落伞相继打开。两套降落伞的绳子如果缠绕在一起，便可能造成严重的事故，还好幸运之神再一次眷顾了加加林。加加林降落在一个农场的农田中，一位农妇和她的女儿，以及一头小牛见证了这惊险的一幕。

1968年，加加林在一场飞机事故中丧命。命运有时候就是那么奇怪，世界上第一位航天员最后居然死在了一架飞机上。

做好准备，向太空进发

从加加林进入太空的那天到今天，科学技术已经发生了翻天覆地的变化，航天员的训练也是如此。要知道，曾经他们训练的方法和设施，多少有那么一点"原始"。

曾经的训练方式

由于月球的引力大约只有地球的六分之一，为了模拟这一环境，20世纪60年代的航天员们会被横着吊在一面墙上，然后他们必须试着用这种姿势行走！在弗吉尼亚州，NASA还制造了一个模拟登月舱，并将其挂在了吊车的缆绳上。

航天员们还要长期在沙漠或丛林中进行训练，因为登月飞船的返回舱有可能会偏离原定的轨道，落在预设的着陆点之外。

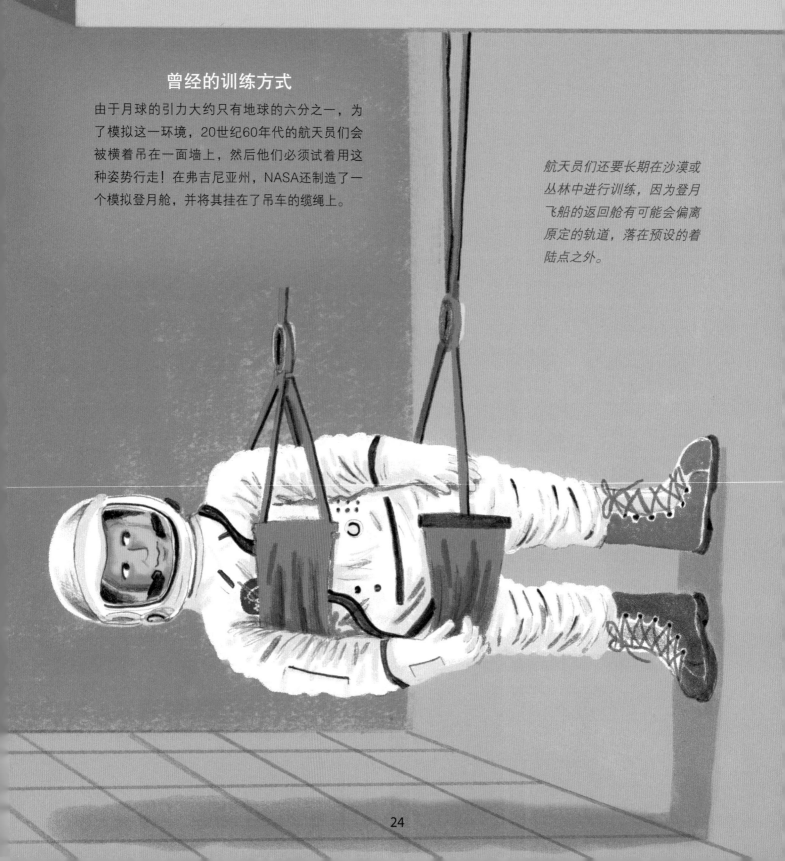

游泳池里的太空

如今的训练方式已经发生了变化。在参加完起步阶段的理论课之后，航天员就会开始进行模拟训练。为了更真实地模拟太空行走以及在失重环境下的各项操作，美国的航天员会在位于NASA的约翰逊航天中心的巨大游泳池里进行训练，利用水的浮力抵抗航天员自身及航天服的重力。俄罗斯的航天员则会在一个被称为"水下实验室"的超级泳池里进行训练。那个泳池位于星城，就在距离莫斯科不远的地方。

自由落体

为了体验失重的感觉，航天员会乘坐专门的飞机进行抛物线飞行。这种飞机里面没有放置任何东西，而且周围填满了具有保护性的防撞击材料。飞机飞到高空，然后急速俯冲下降。在做完抛物线飞行之后，不需要任何解释航天员就能明白，为什么这种飞机会有这么一个外号——呕吐彗星。

航天服

和今天一样，当时的航天员也需要进行穿戴整套航天服的专门训练。我们以阿波罗计划的航天员们为例，在紧急情况下，他们只有5分钟的时间来穿航天服，而这个过程需要整整7个步骤，每个步骤都十分复杂。

步骤一

穿上贴身内衣和航天员专用的纸尿裤。

步骤二

穿上尼龙紧身衣。航天员的紧身衣里有非常细的水管，通过这些水管，在尼龙紧身衣里进行的水循环，帮助航天员调节身体的温度。

步骤三

穿上真正的航天服。航天服上有增压系统、呼吸系统，还具有防辐射和防陨石撞击的功能（当然只限于那些小的陨石）。

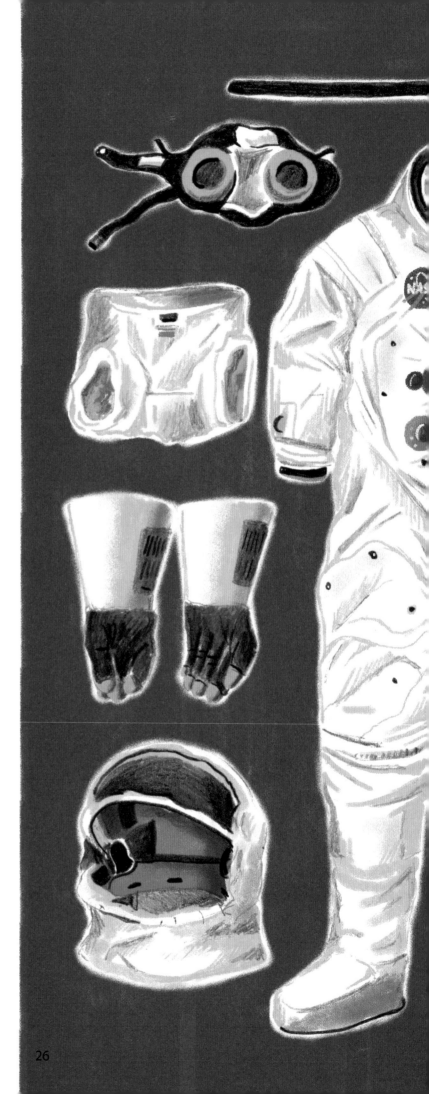

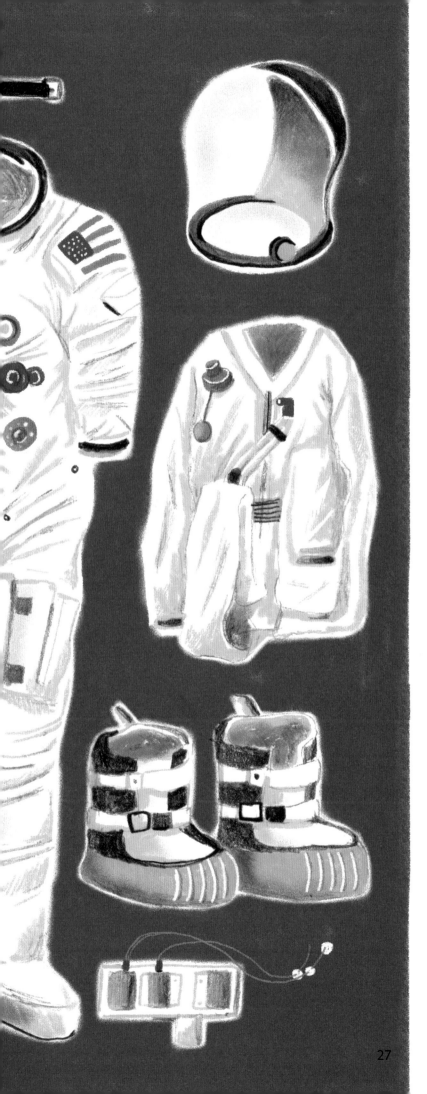

步骤四

合上航天服的密封装置。

步骤五

戴上通信帽［人们也把这种早期的通信帽叫做史努比（Snoopy）］，因为它的颜色是白色和棕褐色的，上面有话筒和耳机。

步骤六

戴上球形头盔，然后把它和航天服连接好。接着，再戴上面罩和压力手套。

步骤七

登月准备：下飞船之前，阿姆斯特朗和奥尔德林穿上了月面套鞋，配备上生命保障系统。生命保障系统能够为航天员提供氧气、水，以及一系列的通信功能。最后，两人各自带上了一个背包，里面储存了一些应急用的氧气。

飞向月球的人

那天是1969年7月20日，当时的科学技术与你现在所看见的完全不能同日而语。乘坐飞机时很容易受到气流颠簸的影响，吃饭、去卫生间都会很麻烦……乘坐宇宙飞船更是如此，所以不用想着来一次舒舒服服的登月之旅。在这种情况下，3名年龄在38~39岁的航天员出发了。这是一次将被载入史册的飞行，他们已经准备好面对各种困难，也知道这可能是一趟有去无回的旅行。

科林斯独自留在哥伦比亚指令舱，阿姆斯特朗和奥尔德林则坐到鹰号登月舱。在绕着月亮飞了13圈之后，登月舱和指令舱进行分离。阿姆斯特朗和奥尔德林启动了推进器，推动登月舱前往此旅行的目的地——月球上的静海基地。当登月舱准备在预设点着陆时，警报器突然响了起来：船舱里的计算机系统出现问题，此时登月舱面对的是一片布满陨石坑和裂隙的区域。最后阿姆斯特朗通过手动控制，让登月舱在安全的位置成功着陆， 但这几乎耗尽了用于着陆的燃料。据说当时剩下的着陆燃料大概只能再坚持60秒。在此次

事件中，就算平时非常沉稳的阿姆斯特朗也变得十分紧张，他的心跳一度飙升到了每分钟156次。在月球表面着陆之后，阿姆斯特朗迫不及待地想要走出登月舱，于是他决定放弃之前计划好的4个小时休息时间。阿姆斯特朗重温并遵循着登月训练时的所有步骤，所以出舱的准备工作还是花费了将近4个小时。在他离开登月舱18分钟后，奥尔德林也走了出来。

照片

和所有外出旅游的人一样，两名航天员也拍了很多照片。由于阿姆斯特朗是此次任务的指定摄影师，因此照片里出现的人大多是奥尔德林。这也许和你家的情况非常相似：外出旅行时，爸爸和妈妈很难出现在同一张照片里，因为他们当中的一个人要担任摄影师。也许你会说，他们可以自拍呀，但在那个时候的摄影技术想要自拍确实没那么方便。

两名航天员在月球表面活动了2小时31分钟，拍摄了一些照片。阿姆斯特朗甚至走到了距离登月舱120米远的地方，拍下了月球上著名的东环形山。

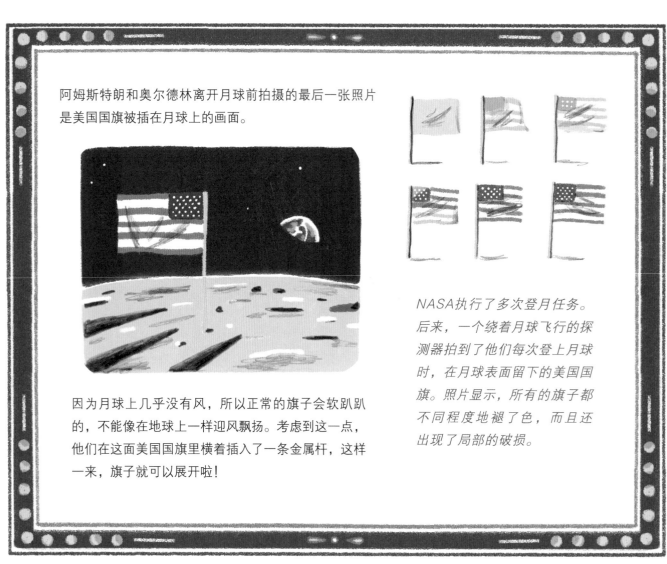

阿姆斯特朗和奥尔德林离开月球前拍摄的最后一张照片是美国国旗被插在月球上的画面。

因为月球上几乎没有风，所以正常的旗子会软趴趴的，不能像在地球上一样迎风飘扬。考虑到这一点，他们在这面美国国旗里横着插入了一条金属杆，这样一来，旗子就可以展开啦！

NASA执行了多次登月任务。后来，一个绕着月球飞行的探测器拍到了他们每次登上月球时，在月球表面留下的美国国旗。照片显示，所有的旗子都不同程度地褪了色，而且还出现了局部的破损。

第三名航天员科林斯在哪儿呢?

科林斯独自坐在指令舱里,绕着月球飞行了约20个小时。当他飞到月球背面的时候,科林斯是无法与地面控制中心联系的。当然,关于另外两名在月球上"溜达"的同伴,他们那儿具体发生了什么事,科林斯同样也无法知晓。每次飞到静海基地附近时,他都会寻找另外两名在月球表面的同伴,或是登月舱的身影,可惜一次都没有找到。科林斯曾说,虽然没有登上月球,但他对自己所负责的任务没有任何不满。科林斯还说,他始终都觉得自己是团队里重要的一员。

第三名航天员科林斯在哪儿呢?

尼尔·阿姆斯特朗

1969年7月20日，阿姆斯特朗踏上月球。他在月球表面留下了那个伟大的脚印，以及那句名言："这是我个人迈出的一小步，却是全人类迈出的一大步。"在英勇的外表之下，他和许许多多普通人一样，拥有自己的家庭，生活中有许多快乐，当然也会有一些烦恼，但这些都没有影响他对航空航天的热爱。

1930年8月5日，阿姆斯特朗出生于俄亥俄州的沃帕科内塔，他的家族拥有德国血统。在一次当地的展览会上，6岁的阿姆斯特朗坐上一架福特公司生产的飞机，体验了人生中的第一次飞行，并从此彻底爱上了航空航天。所以，一个人小时候的兴趣爱好真的非常重要。希望你也和阿姆斯特朗一样，已经找到自己的兴趣爱好！

不爱体育运动

16岁的时候，阿姆斯特朗拿到了飞机驾驶执照。和绝大部分的航天员不同，阿姆斯特朗非常讨厌体育运动。这肯定是你意想不到的吧？阿姆斯特朗曾经说过："我觉得我们的心跳数量是有限的，我可不想把我的心跳浪费在沿着马路跑来跑去这件事儿上。"

1955年，阿姆斯特朗毕业于航空工程学专业，他也是美国最早成为航天员的非军事人员之一。

阿姆斯特朗第一次执行的太空任务是1962年的双子星8号任务。他与斯科特搭档，完成了历史上第一次两个航天器的轨道对接任务。两人冒着生命危险执行了这次任务，因为当时两个航天器其实都不太稳定。但是凭借着沉着冷静的表现和丰富的经验，他们驾驶着双子星8号与另一个航天器成功对接、分离，并安全返回地球。1968年5月6日，阿姆斯特朗在一次使用登月训练机训练的过程中，险些丢了性命。阿波罗11号任务是他的第二次，也是最后一次太空任务。这次任务使他名垂青史，也让美国在与苏联的太空竞赛中获得了胜利。

阿波罗11号任务之后，不知什么原因，阿姆斯特朗表示不想再进入太空。1971年，他辞去了在NASA的职务。登上月球的时候，阿姆斯特朗已经有了两个儿子：12岁的埃里克（Eric）和6岁的马克（Mark）。

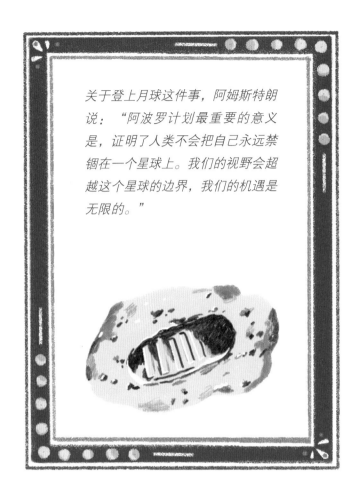

关于登上月球这件事，阿姆斯特朗说："阿波罗计划最重要的意义是，证明了人类不会把自己永远禁锢在一个星球上。我们的视野会超越这个星球的边界，我们的机遇是无限的。"

名气太盛

1994年，阿姆斯特朗开始拒绝签名的要求。因为他发现许多有他签名的东西，不管是真是假，都在高价出售。他还斥责了一位理发师，因为那位理发师在给阿姆斯特朗理发后居然将他的头发收集起来出售！由此看来，名声似乎已经给他带来了巨大的烦恼，而他也从不愿利用名声获取任何利益。2012年8月27日，阿姆斯特朗因为心脏问题去世。

巴兹·奥尔德林

奇怪的是，生活中的第二名总是容易被人遗忘……明明距离第一名这么近！不过奥尔德林虽然是第二个登上月球的人，但他绝对是被拍了最多照片的航天员！1969年7月20日，在那个值得我们铭记的日子里，阿姆斯特朗给他拍了许许多多的照片。在其中最有名的一张照片里，奥尔德林的面罩上映射出了月球的表面、登月舱和美国国旗。现在，让我们从头说说他的故事……

最有学问的人

1930年1月20日，奥尔德林出生在新泽西州的蒙特克莱尔。奥尔德林的学习成绩非常好，在获得机械工程学的学位之后，又获得了航天学的博士学位。所以，他是阿波罗11号计划中受教育程度最高的航天员。

与阿姆斯特朗不同，奥尔德林非常热爱运动，他每天坚持跑步1小时。他并不是一个话多的人，只有在谈论宇宙相关话题时才会显得有些兴奋。在阿波罗11号任务期间，他已经有了3个孩子：13岁的詹姆斯（James）、11岁的珍妮丝（Janice）和7岁的安德鲁（Andrew）。

在阿波罗11号登月任务中，奥尔德林的任务是在登月阶段协助指令长阿姆斯特朗。

奥尔德林酷爱写作，他出版了自传《回到地球》（*Return to Earth*），以及一本关于阿波罗计划的书，叫做《地球来的人》（*Men from Earth*）。

一名真正的太空旅行者

1966年11月11日，他与指令飞行员吉姆·洛威尔（Jim Lovell）一起，执行了双子星计划的最后一次任务——双子星12号任务。在那次任务中，奥尔德林在飞船外停留了5个半小时，创下了最长舱外活动时间的纪录。在整个航天员生涯中，奥尔德林一共在太空中度过了289小时53分钟，其中有7小时52分钟是舱外活动。

奥尔德林一直是个胆大的人，也是一个天生的探索者。当不能再前往太空时，他便开始探索我们居住的星球。1996年，他乘坐潜艇抵达大西洋的水底，观察泰坦尼克号（Titanic）的残骸。不久之后，他乘坐一艘俄罗斯的破冰船到达北极。2016年，他又踏上前往南极的旅途，但因为身体不适不得不提前返回。虽然如此，他还是成为抵达南极的人中年龄最大的。

迈克尔·科林斯

科林斯是阿波罗11号的指令舱驾驶员，也是这个团队中唯一没有登上月球的人，但他绕着月球飞了整整14圈，成为第一位独自完成绕月飞行的航天员。很显然，科林斯并不如他的队友们出名，但他展现出了极强的团队精神，从来没有因此而产生任何怨言。要知道，如果没有科林斯，阿姆斯特朗和奥尔德林都不可能成功登上月球。

小半个意大利人

1930年，科林斯出生在罗马的台伯大街16号。他的父亲是美国军人，当时正好在那里工作。你一定想不到，阿波罗11号任务中的3个航天员，有一位居然是在意大利出生的吧？

在执行太空任务前，科林斯已开启了飞行员的职业生涯，并积攒了4000个小时的飞行经验。1966年，他乘坐双子星10号宇宙飞船，不仅飞到了当时距离地球最远的地方，还完成了一次太空行走。

1968年，由于椎间盘疾病，科林斯不仅错过了阿波罗8号任务，甚至还险些放弃航天员生涯。幸好手术非常成功，他完全恢复了健康。

科林斯不仅没能踏上月球，甚至无法与世人一同见证同伴的登月时刻，而且每当指令舱飞到月球背面的时候，科林斯都会与地面控制中心失去联系。

不像技术性人员的技术性人员

科林斯是一个谨慎、有耐心而且十分细致的人，在日常生活中，他也不惧独处。他喜欢钓鱼、画画、养玫瑰花。科林斯认为自己完全算不上是一位技术人员，甚至还自嘲地说过："就机械而言，我妻子都比我厉害。"据说他十分喜爱美酒，这也许源自他的"意大利血统"。阿波罗11号任务期间，他已经有3个孩子：10岁的凯瑟琳（Kathleen）、7岁的安（Ann）和6岁的迈克尔（Michael）。1970年，科林斯在结束了阿波罗11号任务之后离开了NASA。不过，他后面从事的各项职业都与航空航天有关。

这是科林斯和休斯顿地面控制中心之间的一段对话：

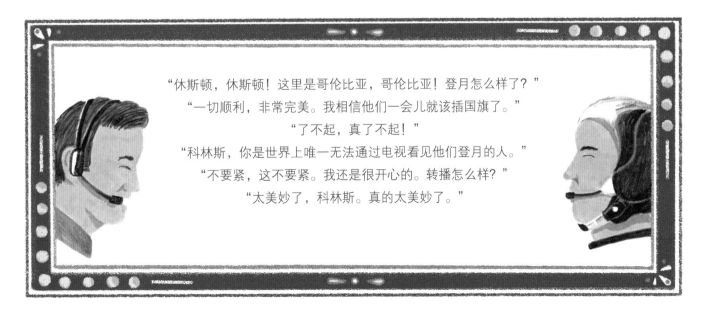

"休斯顿，休斯顿！这里是哥伦比亚，哥伦比亚！登月怎么样了？"
"一切顺利，非常完美。我相信他们一会儿就该插国旗了。"
"了不起，真了不起！"
"科林斯，你是世界上唯一无法通过电视看见他们登月的人。"
"不要紧，这不要紧。我还是很开心的。转播怎么样？"
"太美妙了，科林斯。真的太美妙了。"

行走在月球表面

那一天，许多的记者汇聚在佛罗里达州。NASA对他们说："如果这次的阿波罗11号任务能够成功，人类就能实现他们长久以来追逐的梦想，行走在另一个星球之上。"

阿姆斯特朗和奥尔德林最终实现了全人类的梦想。据说当时的美国总统尼克松因为担心航天员在执行登月任务时出现意外，还准备了另外一个演讲稿，以防真的出现上述的突发情况而不至于不知所措。

这份演讲稿一直被封存了30年。如今我们知道了，它的开头是这样的："命运决定，这些前去月球探索的人将永远长眠于彼处……"

幸好一切进展顺利，阿姆斯特朗、奥尔德林和科林斯都安全地回到了地球。

当登月舱在月球上着陆的时候，阿姆斯特朗说："休斯顿，这里是静海基地，鹰着陆成功。"休斯顿地面控制中心回答："很好，静海基地。我们会在地面为你们记录在上面的每一刻。这里有很多人紧张得都快喘不上气了，现在他们终于可以正常地呼吸了。万分感谢！"

离开登月舱舱门外的平台后，两名航天员还需走下9级台阶（高度大概是3米）才能真正踩在月球上。

笑一笑……茄子！

阿姆斯特朗登上月球的时候可没有人给他拍照。所以在踏上月球之前，他打开了能够拍到自己的摄像机。这就是为什么照片中的阿姆斯特朗没有奥尔德林清晰的原因啦，因为奥尔德林有阿姆斯特朗给他拍摄呀！

最早的科学活动

在月球上停留的两个半小时里，两名航天员有很多事情要做。他们借助一台小型的月球钻孔机，钻取了58份月壤样本。在这些样本当中，最深的来自月球表面下70厘米的地方，加起来整整有21.5千克。阿姆斯特朗把这些样本分别装进了15个塑料袋，并在袋子上标明了样本的提取地点。

两名航天员将一块特制的金属板留在了月球上，用来帮助科学家们研究太阳风。他们还留下了一台能够运行很多年的地震探测仪，这样就能监测到月球的震动啦！

比驴子幸福！

因为月球的引力较小，大约只有地球的六分之一，所以航天员在月面行走要容易一些。在地球上，背着生命保障背包行走可是一件十分费劲的事儿。因为那家伙重达38千克，估计比你还重吧！

被留在月球上的还有一块纪念牌，牌子上面有一句话，下面还有3名航天员以及美国总统尼克松的签名：

1969年7月，来自地球的人类第一次登上月球，我们为全人类的和平而来。

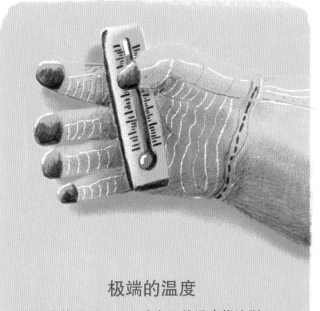

极端的温度

在阳光的照耀下，月球白天的温度能达到120摄氏度；而在夜晚的时候，最低温度低至零下170摄氏度。阿姆斯特朗和奥尔德林在月面上行走时，观测到的温度在5摄氏度到零下100摄氏度。这下你们应该明白了，为什么航天服里会有降温和加热的水循环系统了吧？

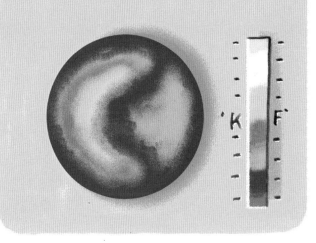

月亮的味道

当两名航天员返回登月舱，关上舱门之后，他们都闻到了一股奇怪的味道：阿姆斯特朗觉得像是湿润的尘土味儿，但奥尔德林说更像是火药的气味。

环绕月球飞行的人

尽管没有登上月球，但科林斯也承担着一些非常重要的任务。如果没有他，这次登月任务绝对不可能顺利完成。

当同伴们在月球上的时候，科林斯并没有闲着，他总共在指令舱上发出了800条指令。这可不是件容易的活儿，因为他脑袋顶上的计算机有700个按键和开关，显然科林斯不能犯一点错误。当然，与今天的计算机相比，那台计算机的系统会更加简单，不过整个任务的成败可都取决于它是否能够正常地运行。

当哥伦比亚号指令舱飞行在月球背面，距离地球384000多千米的地方时，科林斯是整个宇宙中最孤独的人。

苏联的探测器

当科林斯在月球轨道上进行绕月飞行时，他是看不见月球上的两个同伴的。因为在距离月面约100千米的高空上，可看不清下面的情景。不过他倒是看见了比他们早3天来到月球上空的苏联探测器——月球15号（探测器上并没有航天员）。在苏联人的计划里，月球15号探测器将会提取月球样本，并在美国航天员返回之前把这些样本带回地球，但事情并没有如他们计划的那般发展。在月球轨道上飞行了52圈之后，月球15号在月球的危海 （Mare Crisium）坠毁。阿波罗11号的地震探测仪在月球15号坠毁的时候，监测到了月球上轻微的震动。这一发现让科林斯和休斯顿地面控制中心十分紧张，因为他们担心探测器会干扰到他们的通信。

直到任务快结束时，科林斯那颗悬着的心才放下来。当指令舱与登月舱对接之后，科林斯开玩笑道："鹰进笼子了。"随后他又说道：

"阿姆斯特朗和奥尔德林的航天服上沾了些月球的尘土，他们正在用鹰号和哥伦比亚号之间连接通道里的那台吸尘器清理呢……把所有装备直接放到一边，等回到地球之后，我们拿着这些月球上的尘土去黑市里大赚一笔，不是更好吗？"

回家：从月球到太平洋

返回地球的过程是整个任务中最具不确定性的部分，这期间出现问题的概率非常大。因此，1969年7月24日，当阿波罗11号安全溅落在太平洋的时候，可真是让人松了一口气。它的溅落地点距离夏威夷1500千米，距离负责回收的大黄蜂号航空母舰只有24千米。

返回地球的每个阶段都可能发生不可预见的事

18:22

18点22分（以下均为意大利当地时间），指令舱与服务舱分离。此时，指令舱的飞行速度达到了每小时34260千米。你知道这是什么概念吗？这个速度非常惊人，也许你根本就无法想象！

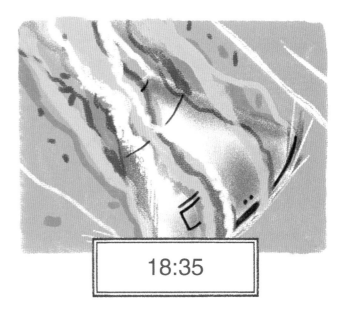

18:35

18点35分，奥尔德林在无线信号中断前最后说了一句"See you later"（我们一会儿见）。飞船的高速飞行和突然减速会产生大量热量，导致整个指令舱的外部都覆盖了一层热防护层（过高的温度使指令舱的外层空气发生了电离，从而屏蔽了无线电信号），它能保护舱体不受高温的侵害。

18:41

18点41分，参加回收任务的一架侦察机发现了指令舱，并且整个返回过程正在按照预期进行。

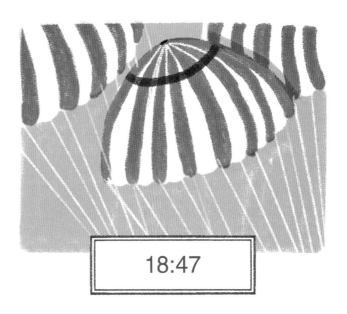

18:47

18点47分，3个降落伞全部打开。

18:50

18点50分，指令舱在太平洋溅落。但是由于当时恶劣的天气条件，整个指令舱都发生了翻转。数架直升机很快赶了过去。工作人员跳出直升机，在指令舱周围放上漂浮气囊后，指令舱的姿态才得以修正。这时，科林斯说出了他们返回地球后的第一句话："我们3个人都很好，你们慢慢来。"

之后不久，一名工作人员打开舱门，把3件生化隔离服扔了进去。穿上生化隔离服后，3名航天员走出指令舱，登上了一艘在舱外待命的橡皮艇。然后他们又上了一架直升机，来到了大黄蜂号航空母舰上。

只有参加阿波罗11号、12号和14号任务的航天员进行了隔离，之后这项要求就被取消了。因为人们已经非常确定，月球上并不存在所谓的外星细菌或外星病毒。

登上大黄蜂号后，3名航天员被安置在一间隔离室。这间隔离室像是一辆小型的密封拖车，上面安装了一面玻璃，他们可以隔着玻璃与外界进行交流。在21天的隔离期间，一名医生和一名工程师全程陪伴着他们。这期间，航天员们聊天、唱歌，还阅读了报纸……而这些报纸谈论的几乎都是他们的事迹！

"我们最临阵磨枪的事情就是这些庆祝活动。"3名航天员在休斯顿中心举行的一场记者招待会上这样说道。这时他们已经结束了3个星期的隔离。

航天员们隔离结束后，在纽约曼哈顿举行了一场盛大的游行活动。人们聚集在街头，都希望能一睹航天员们的英雄风采。在随后举行的庆典上，他们都被授予了一枚"兰利金质奖章"。最后，他们还与当时的总统尼克松共进了晚餐。

地球呼叫月球：我们共同仰望星空

对于如今的我们来说，每次发生一些重大事件时，都可以上网查看相关图片、视频，或是其他相关信息，这些已经是习以为常的事。但在以前可不是这样的，那时不仅没有互联网，甚至都无法做到全球性的电视直播。

在意大利

关于阿波罗11号登月任务，意大利是欧洲各国中电视直播时间最长的国家之一。当时直播室里一共有150名工作人员，主持人是蒂托·斯塔尼奥（Tito Stagno）。据意大利国家广播电视台统计，在直播期间，大概有700万台电视接收了直播信号，平均播放时长超过了25个小时。

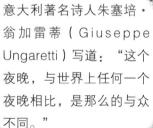

小偷也能看电视

意大利首都监狱借了600台电视机，那里的犯人也都坐到了电视机前。人类第一次登上月球发生在意大利当地时间的晚上，而那天晚上的盗窃和抢劫数量创下了意大利的历史最低。

上班的人们

那天，很多意大利的商店允许员工在工作时间开着电视。家用电器商店打开了展示橱窗里的电视，引来了无数人围观。那天晚上，意大利的耗电量高出了天际。

意大利著名诗人朱塞培·翁加雷蒂（Giuseppe Ungaretti）写道："这个夜晚，与世界上任何一个夜晚相比，是那么的与众不同。"

在世界各地

世界各地争相设立了许多观看点，这样即使是家里没有电视的人，也有地方去观看这场人类的盛事了。

苏联也报道了此次事件。

报纸

当时所有主要的报纸都用头版头条报道了此次登月任务。大部分报纸刊登了航天员，还有月球的照片，当然有的报纸则更愿意发一些笑话或是手绘的图片。不过不管怎样，大家讨论的话题都是同一个——登月。

公园、广场

在纽约，为了向3名登月的航天员表达敬意，成千上万的人们穿着白色的服装，冒着大雨聚集在中央公园。在欧洲，那些主要的广场也被前来的人群挤得水泄不通。

亲眼见证

许多人不满足于仅从报纸上获得相关的消息，他们纷纷前往位于佛罗里达州的肯尼迪角（即阿波罗11号的发射地，现在被称作卡纳维拉尔角）。人们纷至沓来，导致那片地区的游客数量剧增。对于旅馆和餐厅来说，这可真是件天大的好事儿。

从月球到商店

人类登上月球是一件永载史册的事，它改变了我们看向宇宙的目光。一些带有登月元素的小玩意儿很快就被投入了市场，许多企业也希望借此蹭一波热度，打出些名气来。

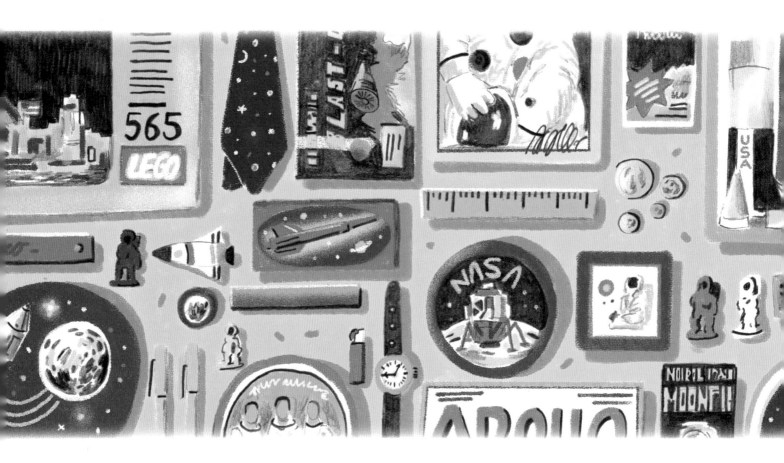

出版社开始重新印刷那些关于月球的书籍，尽管它们过去已经被出版、再版了许多次，因为人们又想再读一读这些书了。

许多杂志再次出现在报刊亭的时候，已经多了一些和月亮有关的小赠品：硬币、书籍、日记本、插页……虽然这些小赠品不如今天的那么精美时尚，但这些现象确实是那次登月任务带来的。

当时与太空主题有关的邮票数量一下子多了起来：世界上几乎每一个国家都发行了以这次登月任务为题材的邮票。在美国，"第一个登上月球的人类"这枚邮票共发行了1.2亿枚，后来它的母版甚至被航天员带到了月球上。

月球音乐

阿波罗11号任务之后，人们还写了许多关于月球的歌曲，发行了各种各样的唱片，唱片里甚至记录了航天员们的声音，以及美国总统尼克松在这次任务之后的讲话。电影院里，大量和月球有关的电影也一下子涌现出来。

在NASA赞助下生产的一款笔——飞梭太空笔，开始在市场上售卖。据它的广告所说，这款笔不仅可以倒着写，甚至在零下300摄氏度的环境下都能正常书写。

针对孩子这个消费群体，美国威望（Rewell）公司推出了一款登月舱模型。而在意大利，美泰（Mattel）公司开始售卖他们设计生产的马特·梅森少校（Major Matt Mason）。那是一个关节处可以活动的航天员玩偶，生产者还为它设计了很多配件，比如月球车和登月舱。

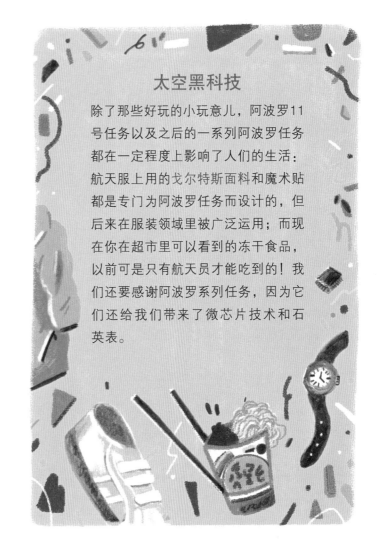

太空黑科技

除了那些好玩的小玩意儿，阿波罗11号任务以及之后的一系列阿波罗任务都在一定程度上影响了人们的生活：航天服上用的戈尔特斯面料和魔术贴都是专门为阿波罗任务而设计的，但后来在服装领域里被广泛运用；而现在你在超市里可以看到的冻干食品，以前可是只有航天员才能吃到的！我们还要感谢阿波罗系列任务，因为它们还给我们带来了微芯片技术和石英表。

月球车

阿波罗15号任务搭载了历史上第一辆载人月球车，这可是一辆真正意义上的汽车，其大小和一辆家用小轿车差不多，航天员可以开着它在月球上惬意地"兜风"。

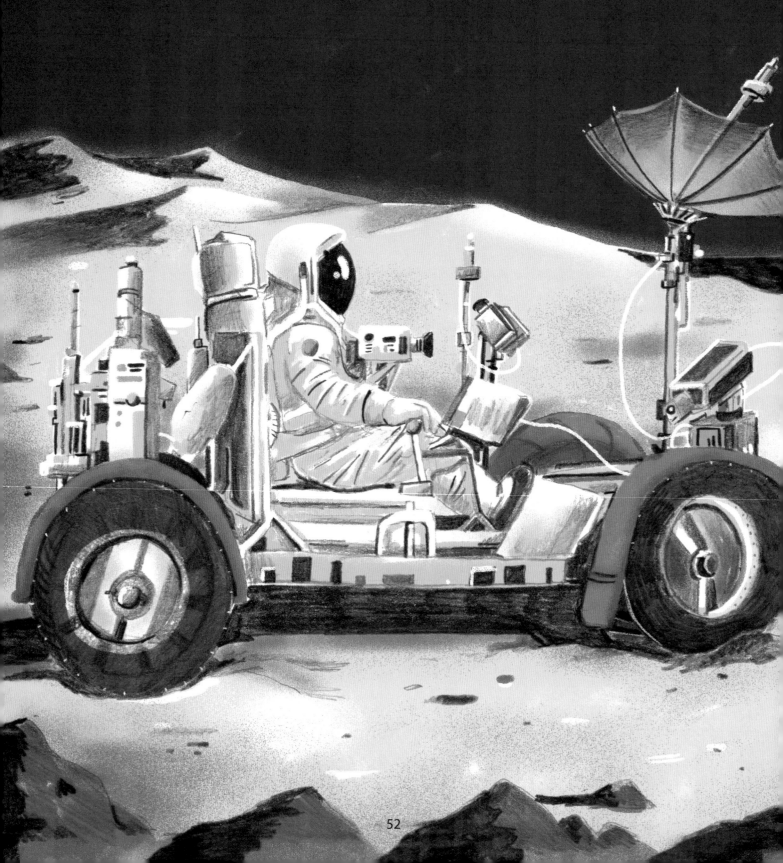

阿波罗15号任务的月球车还有一张蓝色的车牌照，那张照片至今仍保存在博物馆里。

月球车，英文简称为LRV（Lunar Rover Vehicle），它能够帮助航天员在月球上更加便捷地移动，也能够帮助他们在月球上采集样本。

这个家伙的体积不大，虽然它最高速度能够达到每小时13千米，但实际行驶时的平均速度只有每小时5千米。月球上低重力的环境并不允许月球车跑得太快，否则会在碰到小坑的时候让航天员受到剧烈的颠簸（月球上的小坑可到处都是）。还好月球车上有非常结实的安全带，否则航天员们就要被震到车外去啦。不过当月球车需要上下比较陡的斜坡，或是翻越障碍时，低重力的环境反而会使车辆的活动更加方便且容易。

和我们在地球上开的汽车不同，用来操纵月球车的不是方向盘，而是一根与飞机上类似的操纵杆。它的驱动方式是电力驱动，这倒是和我们现在的电动汽车一样。因为月球上没有空气，所以普通的燃料发动机根本无法工作。

1971年，人类第一次在阿波罗15号任务中使用了月球车。因为效果很好，车辆也确实有很大的用处，所以在之后的阿波罗16号和阿波罗17号任务中也都使用了月球车。

阿波罗计划共送了3辆月球车到月球上，它们最后都被遗弃在了月球上。这有点像是从登月舱上卸货，而直至今日，月球仍保管着它们的"遗体"。

从月球到火星

为什么在阿波罗任务之后，人类就再也没有登过月球呢？

1972年12月17日，这是阿波罗计划中最后一次任务里，登月舱离开月球的日子。从那之后，再也没有人登上过月球，但航天员们开始在国际空间站（ISS）上工作和生活。空间站在距离地球表面约400千米的轨道上绕着地球飞行，速度达到了每小时27000千米，一天就能绕着地球飞行16圈。由于积累了大量在国际空间站工作和生活的经验，人类重新开启了征服月球及未来星际旅行的新计划。

目前，一个环绕月球飞行的空间站正在设计阶段。这个新的空间站叫做月球门户（Lunar Gateway），我们可以把它作为所有星际旅行的起点站，尤其是前往火星的旅行。整个计划的基础是一种新型的运载火箭——空间发射系统（SLS），它将会先执行一些无人航天任务，将月球门户一些需要组装的部件带到月球轨道上。现阶段计划随火箭发射的，首先是重达50吨的货物舱。

在这之后才会发射新型的宇宙飞船——猎户座飞船。到时候，航天员们会乘坐航天者陆器，穿梭于在轨道上飞行的空间站和月球之间。我们人类极有可能在近十年，在月球上留下新的印记，因为月球门户空间站计划在2025年年中前做好接待航天员的准备。登陆火星的任务不是短期之内就能实现的，航天员大约要飞行一年才能到达那颗星球。以我们现阶段的科学技术，还无法保证航天员们能否在一年后安全抵达火星。

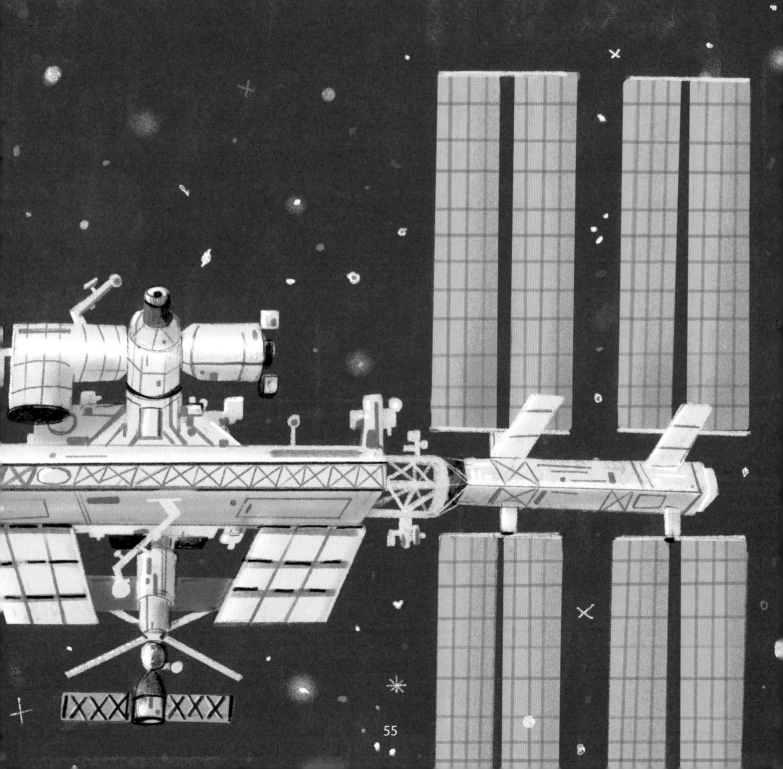

作者简介

拉腊·阿尔巴尼斯，毕业于物理专业。她的毕业论文研究的是基本粒子——现今人类已知的物质最小结构单元。通过这篇论文，她发现自己在生活中也是如此，比起大人她更加喜欢孩子。于是，她致力于为全世界的孩子传播科学知识。直到今天，她已经写了20多本少儿科普图书。2013年，阿尔巴尼斯获得了意大利的安徒生奖；2014年，在意大利科学普及类书籍组获得"一本写给环境的书"的奖项。

雅各布·吉索尼，是一名意大利的插画师，目前在博洛尼亚生活、工作。他在米兰学习了艺术史，之后在乌尔比诺高等艺术研究所主修绘画和插画专业。2017年后，他成为一名自由职业者，也是一名街头涂鸦的艺术家。他的艺术研究范围不仅包括画室作品，还包括城市艺术。作为一名插画师，他接到过很多出版社的邀请，为绘本绘制插图。另外，他还与许多艺术团体有过合作。

《漫步在月球：给孩子的登月简史》版权申明

著作权合同登记号：图字 13-2021-055

Copyright © 2023 Editoriale Scienza S.r.l.,Firenze Trieste.

www.editorialescienza.it

www.giunti.it

The simplified Chinese edition is Published by arrangement with NiuNiu Culture
Limited.

图书在版编目（CIP）数据

漫步在月球：给孩子的登月简史 /（意）拉腊·阿尔
巴尼斯著；（意）雅各布·吉索尼绘；陈波译 .—福州：
福建科学技术出版社，2023.4
ISBN 978-7-5335-6928-0

Ⅰ . ①漫… Ⅱ . ①拉… ②雅… ③陈… Ⅲ . ①月球探索
—少儿读物 Ⅳ . ① V1-49

中国国家版本馆 CIP 数据核字（2023）第 023567 号

书　　名	漫步在月球：给孩子的登月简史	
著　　者	［意］拉腊·阿尔巴尼斯	
绘　　者	［意］雅各布·吉索尼	
译　　者	陈波	
出版发行	福建科学技术出版社	
社　　址	福州市东水路 76 号（邮编 350001）	
网　　址	www.fjstp.com	
经　　销	福建新华发行（集团）有限责任公司	
印　　刷	当纳利（广东）印务有限公司	
开　　本	635 毫米 ×965 毫米　1/8	
印　　张	8	
字　　数	80 千字	
版　　次	2023 年 4 月第 1 版	
印　　次	2023 年 4 月第 1 次印刷	
书　　号	ISBN 978-7-5335-6928-0	
定　　价	48.00 元	

书中如有印装质量问题，可直接向本社调换